BEI GRIN MACHT SICH IHR WISSEN BEZAHLT

- Wir veröffentlichen Ihre Hausarbeit, Bachelor- und Masterarbeit

- Ihr eigenes eBook und Buch - weltweit in allen wichtigen Shops

- Verdienen Sie an jedem Verkauf

Jetzt bei www.GRIN.com hochladen und kostenlos publizieren

Bibliografische Information der Deutschen Nationalbibliothek:

Die Deutsche Bibliothek verzeichnet diese Publikation in der Deutschen National-
bibliografie; detaillierte bibliografische Daten sind im Internet über http://dnb.d-
nb.de/ abrufbar.

Dieses Werk sowie alle darin enthaltenen einzelnen Beiträge und Abbildungen
sind urheberrechtlich geschützt. Jede Verwertung, die nicht ausdrücklich vom
Urheberrechtsschutz zugelassen ist, bedarf der vorherigen Zustimmung des Verla-
ges. Das gilt insbesondere für Vervielfältigungen, Bearbeitungen, Übersetzungen,
Mikroverfilmungen, Auswertungen durch Datenbanken und für die Einspeicherung
und Verarbeitung in elektronische Systeme. Alle Rechte, auch die des auszugsweisen
Nachdrucks, der fotomechanischen Wiedergabe (einschließlich Mikrokopie) sowie
der Auswertung durch Datenbanken oder ähnliche Einrichtungen, vorbehalten.

Impressum:

Copyright © 2008 GRIN Verlag, Open Publishing GmbH
Druck und Bindung: Books on Demand GmbH, Norderstedt Germany
ISBN: 9783640576425

Dieses Buch bei GRIN:

http://www.grin.com/de/e-book/147879/das-arbeitsblatt-im-erdkundeunterricht

Ina Vredenborg

Das Arbeitsblatt im Erdkundeunterricht

GRIN Verlag

GRIN - Your knowledge has value

Der GRIN Verlag publiziert seit 1998 wissenschaftliche Arbeiten von Studenten, Hochschullehrern und anderen Akademikern als eBook und gedrucktes Buch. Die Verlagswebsite www.grin.com ist die ideale Plattform zur Veröffentlichung von Hausarbeiten, Abschlussarbeiten, wissenschaftlichen Aufsätzen, Dissertationen und Fachbüchern.

Besuchen Sie uns im Internet:

http://www.grin.com/

http://www.facebook.com/grincom

http://www.twitter.com/grin_com

Universität Hildesheim
Institut für Geographie

WS 2008/09

Seminar: „Aktionsformen im Geographieunterricht"

Das Arbeitsblatt im Erdkunde- Unterricht

Ausarbeitung zum Referat

vorgelegt von:

Ina Vredenborg
Studiengang: Geographie (SU)/Germanistik (LA)
Semester: 3

Abgabedatum: Ende März 2009

Einleitung

Die vorliegende Hausarbeit nimmt Bezug auf das am 01.12.2008 gehaltene Referat zum Thema „Arbeitsblätter im Erdkunde- Unterricht".

Die Arbeit teilt sich in zwei Abschnitte. Der Erste besteht aus einem Theorieteil, in dem die Entwicklung und Bedeutung, die Funktionen und die unterschiedlichen Arten von Arbeitsblättern erläutert werden. Es wird der Begriff „Arbeitsblatt" ausreichend definiert und dessen Gestaltungskriterien dargestellt.

Der zweite Abschnitt, eine Reflexion, spiegelt den Ablauf des gehaltenen Referats wieder. Darüber hinaus wird kritisch bewertet, was gut und was verbesserungswürdig ist.

Das Arbeitsblatt (Theorieteil)

Die Verwendung des Arbeitsblattes im Unterricht reicht weit in die Historie hinein. Vereinfacht lässt sich in der Geschichte von einem Arbeitsblatt sprechen, sobald ein Arbeitsauftrag auf einer Schiefertafel festgehalten wurde. Somit ist zu vermuten, dass im weitesten Sinne das Arbeitsblatt ab dem Zeitpunkt besteht, seit dem es eine Interaktion zwischen Schrift- Lehrer- und Lernen gibt (vgl. BRETTSCHNEIDER 2001:1).

Heute wird das Arbeitblatt als eines der am meisten benutzen Unterrichtsmedien eingesetzt. Die Entwicklung von speziellen Software- Programmen zur Erstellung von Arbeitsblättern und das Bereitstellen von Kopiergeräten zur schnellen Vervielfältigung, haben dem Arbeitsblatt diesen hohen Stellenwert im Unterricht verschafft.

Den Begriff „Arbeitsblatt" in nur einer Definition zu erfassen ist auf Grund seiner komplexen Bedeutung schwer. Demzufolge werden mehrere Definitionen wiedergegeben.

Nach Hilbert Meyer ist das Arbeitsblatt ein „didaktisch strukturierter, schriftlich, rechnerisch oder bildnerisch zu lösender Arbeitsauftrag" (Meyer 1987:307).

Volker Brettschneider versteht unter einem Arbeitsblatt ein Lehr- und Lernmittel, das vom Lehrer eingebracht wird und mit dessen Hilfe die Arbeit im Unterricht angeregt, gesichert oder kontrolliert wird (vgl. Brettschneider, 2001:1).

Moll und Liebherr greifen diese Definitionen auf: „Ein Arbeitsblatt ist ein didaktisch strukturierter Arbeitsauftrag, der schriftlich oder bildlich zu lösen ist.

Auf einem Arbeitsblatt ist ein Weg vorstrukturiert, auf dem sich die Schülerinnen und Schüler selbsttätig mit den gestellten Themen auseinandersetzen" (Moll, Liebherr 1998:91).

1

In dieser Arbeit soll die Begriffserklärung von Moll und Liebherr verwendet werden, da sie die Aspekte anderer Autoren mit aufgreift und zusammenfasst.

Das Arbeitsblatt beinhaltet nach Brettschneider drei didaktische Funktionen: „Die Motivierungsfunktion, die Aktivierungsfunktion und die Leistungsgewöhnungsfunktion" (Brettschneider, 2001:1).

Mit der „Aktivierungsfunktion" ist gemeint, dass das Arbeitsblatt die Aktivität des Schülers fordert und jeder Schüler aktiviert wird.

Die zweite didaktische Funktion, die das Arbeitsblatt erfüllt, ist die der „Leistungsgewöhnungsfunktion". Beim Bearbeiten von Arbeitsblättern gewöhnen sich die Schüler daran, inhaltlich und zeitlich begrenzte Aufgaben zu lösen. Sie gewöhnen sich somit an Leistungsanforderungen.

Eine weitere Aufgabe erbringt das Arbeitsblatt, in dem es den Schüler in seinem Können bestätigt, wenn er die „inhaltliche Anforderung"(Brettschneider 2001:1) lösen kann. Diese Funktion, die Brettschneider „Motivierungsfunktion" nennt, spornt den Schüler an, fördert und begünstigt das Lernen (vgl. Brettschneider 2001:1).

Unterschieden wird bei den Arbeitsblättern nach den vier folgenden Varianten:

Das Informationsblatt (Materialblatt, Präsentationsblatt, Darbietungsblatt): Es hält ausschließlich Informationen in Textform bereit. Diese stammen größtenteils aus Tageszeitungen, Quellentexten oder wissenschaftlichen Beiträgen. Das Informationsblatt kann aber auch Tabellen, Statistiken oder Fotos beinhalten (vgl. Rinschede 2007: 369). Es hat „einen hohen aktuellen und realitätsnahen Bezug" (Brettschneider 2001:1). Verwendung findet diese Art von Arbeitsblatt am besten im Unterrichtseinstieg. Es soll die Schüler zu der Problemstellung hinleiten oder dient als Mittel zur Information in der Erarbeitungsphase eines jeden Unterrichts (vgl. Rinschede 2007:369).

Das Erarbeitungsblatt (Ergebnissicherungsblatt, Versuchsbegleitblatt): Das Erarbeitungsblatt wird im Unterricht von den Lernenden selbstständig oder im Unterrichtsgespräch mit dem Lehrenden erarbeitet. Es dient zur Festlegung der Reihenfolge von Lernschritten. Je besser sein Aufbau ist, desto höher ist der Lernerfolg im Unterricht (vgl. Brettschneider 2001:1).

Das Sicherungsblatt (Ergebnisblatt, Übungsblatt, Merkblatt): Das Sicherungsblatt ist ein Arbeitsblatt, das zur Sicherung von Teilergebnissen oder Übungen dient.

Es bewirkt dieses, in dem es einen „Methodenwechsel vom Frontalunterricht zu Allein-, Partner- oder Gruppenarbeit ermöglicht" (Brettschneider 2001:1). Somit ist es jedem Schüler möglich, selbsttätig zu üben. Außerdem verlangt das Arbeitblatt nicht ausschließlich eine reproduktive Arbeitsweise. Die Schüler sollen ausdrücklich an neuen Inhalten neue Antworten finden (vgl. Rinschede 2007:369).

Das Testblatt (Bewertungsblatt, Prüfungsblatt): Das Testblatt ermöglicht das Erfassen von Fortschritten und Lücken der zu erlernenden Unterrichtsinhalte. Es dient dem Lehrenden und Lernenden zur Bewertung von Lernzielen und Kompetenzen, die nach den Vorgaben des Lehrplans zu erbringen sind (vgl. Rinschede 2007:369). Es dient der Leistungskontrolle und wird deshalb meistens am Ende einer Unterrichtseinheit eingesetzt.

Je nach dem welche Ziele bei dem Arbeiten mit dem Arbeitsblatt erreicht werden sollen, ist im Voraus zu entscheiden welche Art des Arbeitsblattes gewählt wird.

Es muss allerdings beachtet werden, dass die vorgestellten Varianten der Arbeitsblättern selten in ihrer „´reinen Form´" (Rinschede 2007:369) vorkommen. Viel mehr kommt es zu „Mischformen".

Für die Gestaltung eines guten Arbeitsblattes (im Erdkunde- Unterricht) müssen einige formale und inhaltliche Kriterien berücksichtigt werden (Abb. 1). Diese sollen in diesem Abschnitt der Hausarbeit wiedergegeben werden.

Kopfzeile/ Fußzeile:

Jedes Arbeitsblatt sollte immer eindeutig einem Fach, einem Inhalt und/oder einem Thema zu zuordnen sein, damit es den Schülern einfacher fällt ihre Arbeitsmaterialen zu ordnen. Kopf- und Fußzeilen, dienen dabei als Hilfe, da sie diese Angaben beinhalten.

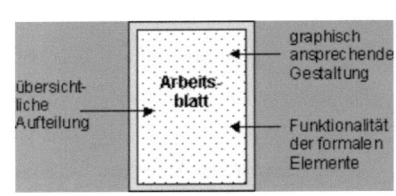

Abb.1

Linker und rechter Seitenrand:

Der linke Seitenrand eines Arbeitsblattes sollte mindestens 3cm betragen. Er dient als „Lochrand". Somit ist es möglich das Arbeitsblatt in die Mappe zu heften, ohne die Schrift oder Abbildungen zu durchlochen. Auch die Inhalte sind dann noch vollständig zu erkennen, obwohl das Blatt in der Mappe eingeheftet ist. Sollen zusätzliche Notizen auf dem Arbeitsblatt vermerkt werden, ist es von Vorteil auch rechts einen Rand zu erstellen.

Zeilenabstand:

Um ein übersichtliches und leicht lesbares Arbeitsblatt zu gestalten, muss ein passender Zeilenabstand gewählt werden. Dieser sollte je nach dem, wie „die Textarbeit der Schüler ausfallen soll" (TeachSam 2005:1) passend gewählt werden.

Schriftart/ Schriftgröße:

Auf Arbeitsblättern sollten möglichst Schriften mit Serifen benutzt werden, da sich diese Schriftarten am leichtesten lesen lassen. Auch wenn die Textverarbeitung diverse Schriftarten anbietet, sollte auf einen häufigen Wechsel verzichtet werden. Allerdings kann eine ausgefallene Schrift, die mit Bedacht eingesetzt wird, durchaus motivierend wirken.

Bei der Schriftgröße ist zu beachten, dass sie sie sich nach ihrer Funktion anpassen sollte. So ist die Schriftgröße von Überschriften größer zu wählen, als die des gesamten Fließtextes. Hinzu kommt, dass die Größe der Schrift abhängig von dem jeweiligen Adressaten gewählt werden sollte (vgl. TeachSam 2005:1).

Das Ziel der Gestaltung eines Arbeitsblattes sollte eine übersichtliche, ansprechende und dem jeweiligen Gebrauch angepasste Form sein.

Reflexion (Praxisteil)

Der Schwerpunkt des Referats, mit dem Thema „Arbeitsblätter im Erdkunde- Unterricht", lag darin, dem Plenum einen Überblick über diese Aktionsform zu geben.

Ziel war es, dass das Plenum eine ausgewählte Definition wiedergeben kann, die drei Funktionen des Arbeitsblattes nach Brettscheider, sowie die unterschiedlichen Arten von Arbeitsblättern erläutern kann. Außerdem soll das Plenum die Regeln zur Gestaltung von Arbeitsblättern auf Beispielen anwenden und bewerten können und unterscheiden, ob es sich bei den vorgelegten Beispiel um ein „gutes" oder ein „verbesserungswürdiges" Arbeitsblatt handelt. Darüber hinaus ist das Plenum in der Lage, die Problematik des übermäßigen Einsatzes von Arbeitsblättern im Unterricht zu schildern.

Der Einstieg in das Referat begann mit Hilfe von drei unterschiedlichen Zitaten[1] zum Thema „Das Arbeitsblatt im Erdkunde- Unterricht". Diese wurden mit Hilfe des Tageslichtprojektors an die Wand projiziert. Sie dienten der Hinführung zum Thema, sollten zum Nachdenken anregen und motivieren dem Referat zu folgen. Allerdings gelang es mir erst nach einer Wiederholung der Fragestellung die Zuhören zu motivieren, frei ihre Vermutungen über die vorlegten Zitate zu äußern. Es wäre besser gewesen, die darauf folgenden Aussagen unkommentiert stehen zu lassen und am Ende des Referats noch einmal zusammenfassend auf sie einzugehen.

In der Erarbeitungsphase, die im Frontalunterricht statt fand, war es das Ziel, dass mit Lücken versehene Thesenpapier auszufüllen. Diese Phase wurde mit Folien visualisiert. Allerdings waren es zu viele Folien, die in der kurzen Zeit nicht von dem Plenum aufzunehmen waren. Besser wäre es gewesen, nur einige gezielt ausgesuchte Folien zu verwenden. Außerdem kamen die Zuhörer an Stellen, an denen es viel zu notieren gab, nur vereinzelt mit. Das lag an einem zu schnellen Sprechtempo und an zu komprimierten Sätzen.

Positiv zu bewerten ist, dass das Thesenpapier abwechslungsreich gestaltet war. Es gab einen Merkkasten in dem die Definitionen zu schreiben waren, des weiteren Abschnitte, in die Stichworte vermerkt werden sollte und eine Tabelle zum ausfüllen.

Die nächste Phase des Referats begann, in dem das Plenum in Kleingruppen mit Hilfe der Tabelle „Kategorien und Arten von Arbeitsblättern" Kriterien an beispielhaften Arbeitsblättern aus dem Erdkundeunterricht untersuchen und bewerten sollten.

---

[1] Verwendete Zitate:

„...in manchen Fächern werden wir mit ihnen gerade zu „bombardiert" (Schüler, 15Jahre)

„Und wenn ihr mit dem zweiten Arbeitsblatt fertig seit, macht ihr das Dritte!" (Erkunde- Lehrer)

„Denn was man schwarz auf weiß besitzt. Kann man getrost nach Hause tragen."(Goethe 1880)

5

Diese Aufgabe bearbeitete das Plenum schnell und ohne größere Probleme. Im Anschluss ordneten die jeweiligen Gruppen ihre Arbeitsblätter in die Kategorien und Arten von Arbeitsblättern ein. Uneinigkeiten bei der Einordnung wurde im Plenum gemeinsam hinterfragt und geklärt.

Als letzte Phase schloss sich ein gelenktes Unterrichtsgespräch zu der Frage nach „guten" und „verbesserungswürdigen" Arbeitsblättern an.

Ingesamt gesehen ist es gelungen, dem Plenum die ausgewählten Inhalte zum Thema Arbeitsblatt im Erkunde- Unterricht zu vermitteln. Jedoch sollte man bei Wiederholung des Referats das Thesenpapier inhaltlich anders strukturieren. Die Überschriften „didaktische Funktion" und „didaktischer Ort" waren ungünstig gewählt. Sinnvoller wäre es gewesen, die Überschriften und Themenpunkte aus dem „Theorieteil" dieser Arbeit zu wählen.

Außerdem hätte noch deutlicher auf das „gut überlegte und bedachte" einsetzen von Arbeitsblättern eingegangen werden sollen, da dieser Gesichtspunkt von besonderer Bedeutung ist.

Literatur

- BRETTSCHNEIDER, V. (2001): Arbeitsblätter und Schülermappen im Unterricht über Ökonomie. <http://www.sowi-online.de/methoden/dokumente/arbeitsblaetter_brettschneider.htm#kap2> (Stand: 2002) (Zugriff: 01.04.09).
- MEYER, H. (1987): UnterrichtsMethoden. 2 Bände, Frankfurt/M.: Scriptor Verlag
- MOLL, P. & H. LIEBHERR (1898): Formen des Umgangs mit visuellen Medien, in: Derselbe, Unterrichten mit offenen Karten. Zürich: Theologischer Verlag.
- RINSCHEDE, G. (2007³): Geographiedidaktik. Grundriss Allgemeine Geographie. Paderborn: Schöningh.
- TEACHSAM ARBEITSTECHNIKEN (2005): Arbeitsblattgestaltung Layout. < http://teachsam.de/arb/ab_gestalt/arb_abgest_4.htm> (Stand: 2005) (Zugriff: 01.04.09)

Abbildungsverzeichnis

- Abbildung 1: TEACHSAM ARBEITSTECHNIKEN (2005): Arbeitsblattgestaltung Layout. < http://teachsam.de/arb/ab_gestalt/arb_abgest_4.htm> (Stand: 2005) (Zugriff: 01.04.09)